花钱
有计划

理财真好玩

乐凡　唯智 著　段张取艺 绘

电子工业出版社·

Publishing House of Electronics Industry

北京·BEIJING

　　动物城的小动物们自从有了零花钱，便不再哭闹着让家长买各种东西了。不过，家长们发现又有新的问题出现了，小动物们也在为这些问题而烦恼。

星期天，粉粉猪的妈妈给粉粉猪零花钱的时候，粉粉猪正在看电视。动画片结束后，电视上播放了一则广告："神奇的跳跳糖，让小精灵在你的舌头上跳舞吧！"粉粉猪一下就被吸引住了："跳跳糖，太有意思了，我要去买！"于是，第一周，她的零花钱变成了跳跳糖。

第二周，电视广告播放："甜多多冰激凌，让你的舌头过一个甜蜜的夏天吧！"于是，粉粉猪的零花钱变成了甜多多冰激凌。

第三周，电视广告继续播放："小丑铅笔，让马戏团的小丑陪你写作业，开心学习没烦恼！"于是，粉粉猪的零花钱变成了可爱的小丑铅笔。

就这样，粉粉猪的零花钱都被电视广告里的各种商品吸走了。

　　大眼猴拿到零花钱后，可不像粉粉猪那样总去买电视广告里的东西。他直奔商店，买了自己期待已久的酷甲超人卡牌。

　　第二周，大眼猴又去买了酷甲超人卡牌。

小熊商店

第三周，大眼猴还是
去买了酷甲超人卡牌。

10

就这样，大眼猴的零花钱全都被各式各样的酷甲超人卡牌给吸走了。

大熊
玩具

新

第一周，刺儿头在班里看到乖乖熊买了一个带锁的笔记本，他觉得挺好玩，于是买了一个一样的。

第二周，刺儿头看到大脸蛙买了一个小鸟形状的口哨，一吹就能发出小鸟的叫声，他也觉得好玩，于是也买了一个一样的。

第三周，刺儿头看到卷毛狮买了一把木剑，看起来挺酷的，他又觉得好玩，于是又买了一把一样的。

就这样，刺儿头的零花钱都用来买跟同学一样的东西了。

喔喔鸡在跳蚤市场赚到了 40 元零花钱。他第一次拿到这么多钱，兴奋地冲进了零食店，买了一大堆好吃的，然后用剩下的钱买了一根跳绳。

当他玩着跳绳路过书店时，才想起他最爱的科学漫画书还没买。可这时他的存钱罐里空空如也，已经没有零花钱了。

在动物城的中心广场上，聚到一起的小动物们垂头丧气，彼此诉说着自己是怎么把零花钱花掉的。他们纷纷感到疑惑，为什么钱赚得那么难，花光却这么容易？

"大家好，我是金钱豹，你们可以叫我理财先生。"

"理财先生？"大家好奇地看着身材魁梧的金钱豹。

"是的，我刚刚听到了你们的聊天，我想我能告诉你们怎么合理地使用零花钱，让你们不再为钱花得太快而烦恼。"金钱豹神秘地微笑着说。

"真的吗？理财先生，那麻烦您快告诉我们吧！"小动物们都急不可耐地想要听听金钱豹的好办法。

"粉粉猪，电视广告经常会瞄准像你这样的小朋友的喜好，吸引你们去买一些你们并不真正需要的东西。这样一来，你的零花钱就不知不觉地被花掉了。所以，你要小心电视广告哦！"

24

"大眼猴，如果你总是重复地买一样东西，那你的零花钱就不能买其他东西了。你已经拥有了酷甲超人的卡牌，可以不用再买相同或类似的酷甲超人卡牌了！"

"刺儿头，如果你总是羡慕同学的东西，去买跟他们一样的，那你就没有钱去买自己真正想要的东西了。所以，不要和同学攀比，想想什么才是自己真正想要的。不要冲动，不受诱惑很重要！"

26

"喔喔鸡，在你准备去购物之前，可以先列一个购物清单，把想要买的东西排一个序。最需要、最想买的写在最前面，然后根据顺序来买，这样你才不会错过真正想要的东西。"

27

"哦，对了，我还有一些使用零花钱的小技巧，你们想不想听？"

"想听，理财先生，您快告诉我们吧！"小动物们纷纷说。

理财先生拿出一沓带表格的纸，给每个小动物发了一张，然后说："第一，想要管好自己的零花钱，最好先做一个预算。把每周得到的零花钱记作收入，把准备要花掉的钱记作支出，用收入减去支出，剩下的就是余额，也就是预计还有多少钱。养成做预算的习惯可以帮助你们学会节制，不再乱花钱。"

"第二，如果你们想买的东西的价格比你一周或者几周的零花钱还要多，那你们就得学会攒钱，也就是忍着不买东西，直到攒下来的零花钱足够买到你想要的那样东西为止。"

	第一周	第二周	第三周
收入			
支出			
余额			

小贴士

价格是什么?

买一件东西需要付的钱就是这件东西的价格。如果粉粉猪想买的裙子的价格是 42 元,那么她就需要攒 6 周的零花钱才能买到,即 7+7+7+7+7+7=42。如果刺儿头想买的无敌金刚需要 50 元钱,那么刺儿头要攒几周的零花钱呢?

小动物们听了理财先生金钱豹的建议，都暗暗下决心
要回去管好自己的零花钱。小朋友，你觉得他们能做到吗？
如果是你，你能做到吗？

图书在版编目（CIP）数据

理财真好玩.花钱有计划 / 乐凡，唯智著；段张取艺绘. --北京：电子工业出版社，2020.11

ISBN 978-7-121-39720-2

Ⅰ.①理… Ⅱ.①乐… ②唯… ③段… Ⅲ.①财务管理—少儿读物 Ⅳ.①TS976.15-49

中国版本图书馆CIP数据核字（2020）第189271号

责任编辑：王 丹 文字编辑：冯曙琼
印 刷：北京缤索印刷有限公司
装 订：北京缤索印刷有限公司
出版发行：电子工业出版社
 北京市海淀区万寿路173信箱 邮编：100036
开 本：889×1194 1/24 印张：8.25 字数：126.1千字
版 次：2020年11月第1版
印 次：2024年9月第5次印刷
定 价：99.00元（全6册）

 凡所购买电子工业出版社图书有缺损问题，请向购买书店调换。若书店售缺，请与本社发行部联系，
联系及邮购电话：（010）88254888，88258888。
 质量投诉请发邮件至zlts@phei.com.cn，盗版侵权举报请发邮件至dbqq@phei.com.cn。
 本书咨询联系方式：（010）88254161转1823。